H. FOURTIER

L'ASTROPHOTOGRAPHIE

Conférence-Causerie avec Projections

FAITE A LA SÉANCE DU PHOTO-CLUB

Du Vendredi 27 Juin 1891

PARIS

IMPRIMERIE ET LIBRAIRIE CENTRALES DES CHEMINS DE FER

IMPRIMERIE CHAIX

SOCIÉTÉ ANONYME AU CAPITAL DE CINQ MILLIONS

Rue Bergère, 20

1891

L'Astrophotographie

Conférence-causerie avec projections, faite à la séance du Photo-Club le 27 juin 1891.

MESSIEURS,

CHARGÉ par le comité du Photo-Club de vous présenter les applications de la photographie à l'étude du monde sidéral, j'avais cru pouvoir accepter facilement une tâche, qui me semblait légère ; mais lorsque, par un examen plus approfondi, j'ai dû sonder les arcanes de l'antique science des astres, j'ai compris combien grande avait été ma témérité. Je m'efforcerai de mon mieux, au cours de cette causerie, de vous résumer les points principaux d'astronomie dont j'aurai à parler et compte beaucoup sur votre indulgence, qui pardonnera au photographe son audacieuse incursion en un domaine qui n'est pas sien.

La photographie doit être fière du concours que lui a demandé l'astronomie ; ce n'est pas sans luttes, cependant, qu'elle est devenue chose officielle et la victoire n'en a que plus de mérite. Du reste, elle l'a bien compris, car au cours du Congrès photographique de 1889, alors qu'elle cherchait à établir sa langue scientifique, elle n'a pas oublié de préciser avec un soin jaloux les termes qui devaient rappeler ses multiples applications à la science des Kepler et des Leverrier. Elle a appelé *uranophotographie*, la reproduction du monde sidéral ; *astrophotographie*, l'étude photographique des astres ; *héliophotographie*, celle du soleil ; *sélénéphotographie*, celle de la lune. — Que ne ferait-on pour l'amour du grec ! Mais ce petit accès de vanité est bien pardonnable à la jeune découverte si féconde en multiples résultats, que répudient avec dédain les arts, et que n'acceptent pas encore les graves sciences.

D'un mot il nous sera facile de préciser le rôle de la photographie en astronomie : c'est un observateur impeccable, gardant une trace durable des images qui ont frappé sa rétine. Son acuité de vision est telle, qu'elle peut, par une simple observation prolongée, accuser l'existence d'étoiles, véritables soleils, situées à de telles distances que notre œil, même aidé d'un puissant télescope, ne peut les découvrir : distances si énormes que l'astronome ne peut les préciser qu'en prenant pour unité de mesure le chemin parcouru par la lumière en une seconde, soit environ 75,000 lieues, et alors il peut nous dire que le rayon lumineux issu d'un de ces astres met trois, cinq ou dix ans à venir jusqu'à nous. Ces évaluations formidables, où les milliards jonglent avec les milliards, confondent l'esprit et nous feraient faire un triste retour sur notre petitesse, si nous n'avions en même temps conscience de la grandeur de l'étincelle divine, mise dans nos intelligences, grâce à laquelle il nous a été permis d'aborder ces effroyables calculs.

Ces étoiles, que nous ne pouvons atteindre seulement du regard, ont-elles un mouvement propre, en dehors, bien entendu, de cette pseudo-course autour du pôle, que notre œil, trompé par les apparences, constate, et qui n'est que le réflexe du mouvement de rotation de la terre sur son axe ? La photographie nous aidera à le découvrir : pas immédiatement, il est vrai, parce que si grands que soient ces chemins parcourus, ils nous paraissent bien petits à nous qui naissons et disparaissons dans un court instant, infinie fraction des temps du monde.

Mais supposez avec moi qu'un de ces Mages, un de ces prêtres chaldéens, qui s'en allaient sur les hauts sommets des montagnes interroger les astres et leur poser des problèmes sur la destinée humaine (comme si nos minces personnalités avaient une valeur quelconque en présence de ces mondes de soleils), si un de ces astrologues avait pu garder la fidèle et impérissable image du ciel, étalé alors devant ses yeux et que, respecté par la main si brutale du temps, ce document eût pu venir jusqu'à nous ; la comparaison des positions relatives de certaines étoiles, facilement reconnaissables, à leurs positions actuelles, permettrait d'en conclure la marche, avec d'autant plus de précision que le nombre des documents eût été plus grand. C'est là l'œuvre que commence l'astrophotographie et qui sait ce que les siècles futurs ne retireront pas de ces études ?

Ils sauront, nos arrière-petits-fils, autour de quel centre gravite notre système solaire, qui nous paraît avec son immense cortège être l'infini, pincée d'étoiles seulement dans le véritable infini.

Mais l'espoir de cette certitude, à longue échéance, ne pouvait suffire à nos modernes astronomes ; déjà, en 1842, un savant autrichien, Christian Doppler, avait émis cette ingénieuse idée qu'une source de lumière, suivant qu'elle se rapproche ou s'éloigne de l'observateur, doit, en un temps donné, fournir plus ou moins de vibrations que la source n'en émet. C'est ce que nous pouvons observer facilement en étudiant les sons, aux vibrations incomparablement moins nombreuses et plus lentes que celles de la lumière. Le son ne parcourt que 333 mètres à la seconde : qu'une locomotive vienne sur nous en sifflant, les vibrations sonores s'accumulent par suite de la vitesse même de la locomotive et la note du sifflet nous paraît plus élevée, puisqu'elle est dépendante du nombre de vibrations dans un instant donné ; par la même raison le ton semble s'abaisser quand la locomotive s'éloigne. Raisonnant par analogie, Doppler admettait qu'une source lumineuse blanche devait nous paraître tendre vers le bleu en se rapprochant, vers le rouge au contraire en s'éloignant ; si théoriquement la conception était vraie, pratiquement le problème se présentait plus complexe.

Bien délicates, en effet, sont ces appréciations de nuances plutôt que de couleurs vraies, et, malgré l'idée géniale de Fizeau, quelques années plus tard, non plus de comparer les différences de colorations, mais les différences de dispositions des raies spectrales, faute de moyens pratiques, une conception si remarquable restait sans application. La photographie devait fournir la solution cherchée en enregistrant le phénomène.

Permettez-moi, en quelques mots, de préciser les faits : la lumière blanche, vous le savez, n'est que le résultat de la combinaison des sept couleurs primaires : violet, bleu, indigo, vert, jaune, orangé, rouge. Cette disjonction des éléments de la lumière s'obtient très facilement à l'aide d'un prisme et, sur nos tables, alors qu'un rayon de soleil se joue à travers les cristaux, ces taches aux merveilleuses et fugitives colorations, qui s'étalent sur la nappe, ne sont autre chose que le résultat de la décomposition de la lumière solaire par les facettes des cristaux. Si on examine de près un spectre solaire obtenu à l'aide d'une très étroite fente, on s'aperçoit bientôt qu'il est strié transversalement par une infinité de lignes noires plus ou moins fines et espacées ; en étudiant la cause de ces singulières raies, Frauenhofer et plus tard Bunzen et Kirckhoff découvraient le principe de cette admirable méthode d'analyse qu'on nomme *l'analyse spectrale* ; ils trouvaient que certains groupes de ces raies étaient produits par l'absorption de la lumière primaire par les vapeurs de tels ou tels corps, car, inversement, la lumière émise par ces corps incandescents, analysée par le spectroscope donnait, à l'endroit même où se produisaient les raies noires, des raies magnifiquement colorées, se détachant sur un fond sombre.

Vous voyez d'ici les étranges et admirables effets d'une telle découverte : recevons sur un spectroscope les rayons émanés d'une étoile et le spectre formé va nous faire savoir aussitôt, après un rapide examen des raies, quels sont les métaux qui entrent dans la composition de l'étoile, quels sont les corps terrestres qui lui manquent. Quelle magnifique paraphrase du « *Cœlumque tueri jussit* »! Oui l'homme a reçu l'ordre de regarder le ciel, mais il a fait plus, il a su voir.

Étant donnée cette méthode analytique, si nous pouvons projeter à la fois sur une plaque sensible le spectre d'une étoile et celui que fournit un métal quelconque contenu dans l'étoile, de telle sorte que les principales raies soient en coïncidence, nous pourrons, une fois la plaque développée, juger très rapidement si les raies se déplacent sur le violet ou le rouge, c'est-à-dire si l'étoile se rapproche ou s'éloigne. C'est cette étude que poursuit à l'observatoire de Paris un savant et infatiguable observateur, M. Deslandres.

Notons, en attendant, quelques-uns des résultats obtenus : Sirius, après s'être rapproché de nous, s'en éloigne maintenant avec une vitesse d'environ 6 kilomètres à l'heure ; Arcturus, la brillante étoile de la constellation du Bouvier, s'avance avec une vitesse d'environ 8 kilomètres ; Aldebaran, l'œil du Taureau, nous fuit à la vitesse de 49 kilomètres.

La plaque photographique, plus sensible que la rétine humaine, enregistre des raies en particulier dans l'ultra-violet, que notre œil ne perçoit pas et, grâce à cette précision, Vogel pouvait calculer l'orbite de l'étoile Algol dans la constellation de Persée, dont l'éclat, changeant par période de 70 heures environ, avait donné lieu à bien des hypothèses. La théorie nouvelle a permis de déterminer le mouvement propre de l'étoile ; maintenant, nous savons qu'elle tourne autour d'un astre, non encore reconnu, en décrivant une orbite circulaire de plus de 3 millions de kilomètres de diamètre et cela en une période de 2 jours, 20 heures et 49 minutes.

Une autre application de la méthode est la suivante : certaines étoiles sont doubles, c'est-à-dire composées de deux astres tournant l'un autour de l'autre, or leurs positions relatives par rapport à nous et leur distance sont telles qu'il n'était guère possible de calculer par les moyens ordinaires le diamètre de l'orbite de l'étoile secondaire ; la spectrophotographie a résolu le problème et c'est ainsi qu'on a pu déterminer le diamètre de l'orbite de l'étoile double de la constellation du Cocher, diamètre qui atteint 26 millions de kilomètres.

Ainsi la photographie, la *rétine du savant*, comme l'a si justement qualifiée M. Janssen, a permis de connaître des choses qui échappaient à nos sens et a reculé en des limites incomparablement plus éloignées nos horizons habituels.

L'astrophotographie appliquée à l'étude des planètes éclaircira encore bien des problèmes non résolus; elle nous rendra avec fidélité les étranges cratères et les abruptes vallées qui sillonnent notre satellite; elle nous dira peut-être ce que sont les curieux canaux, qui couvrent de leur réseau la surface de Mars, ou elle nous révélera le mystérieux problème de l'anneau de Saturne.

Déjà, sous l'habile direction de M. Janssen, à l'observatoire de Meudon, elle a pu nous montrer la structure granulaire de la surface solaire, elle enregistre chaque jour la production et la marche de ces taches qui obscurcissent de temps à autre l'astre radieux et auxquelles l'abbé Fortin veut faire jouer le rôle de prophètes des tempêtes.

Mais là où son œuvre devient capitale, c'est lorsqu'elle assume cette lourde responsabilité de dresser le catalogue des innombrables étoiles qui peuplent notre firmament.

Certes, l'idée de faire servir la photographie à un tel travail n'est point neuve et Arago, qui s'était fait le puissant protecteur de la découverte de Niepce et de Daguerre, avait de suite entrevu la possibilité d'une telle application; nombreux avaient été les observateurs qui avaient tenté d'aborder cette question; mais, si théoriquement la solution semble facile, il n'en est pas de même dans la pratique. Les objectifs astronomiques, achromatisés pour notre vue, ne donnent pas de bonnes images photographiques, ils possèdent un foyer chimique et la mise au point, parfaite pour notre œil, ne donne pas une image nette sur la préparation sensible. Celle-ci, d'un autre côté, doit avoir un grain aussi fin que possible pour pouvoir supporter les grossissements au microscope, nécessités pour les mesures; dans le même ordre d'idées, l'image doit être exempte de toute déformation. Ces multiples conditions ont été étudiées avec une admirable précision par deux astronomes français, MM. Henry frères, et bientôt le savant directeur de l'observatoire de Paris, M. l'amiral Mouchez, s'appuyant sur les premiers résultats obtenus, pouvait convier en un Congrès les représentants de toutes les nations savantes pour leur proposer d'établir en commun la carte photographique du ciel, conception magnifique, qui sera l'éternel honneur de la France.

Les Congrès astronomiques de 1887 et 1889, tenus à Paris, ont déterminé d'une façon précise les conditions dans lesquelles l'œuvre serait entreprise : les clichés, pris avec une rigoureuse exactitude, suivant des données soigneusement étudiées, auront un format de 16 centimètres carrés et leur nombre ne s'élèvera pas à moins de 40,000.

Les clichés types serviront à faire des épreuves rendues inaltérables par des procédés de vitrification spéciaux et les mesures pourront être exécutées à l'aide d'un appareil inventé par les frères Henry, le *macro-micromètre*, qui permet d'évaluer sur le cliché les distances des étoiles à 1/600 de millimètre près.

Dix-neuf observatoires ont accédé aux décisions du Congrès et se sont partagé le monde sidéral; qu'il nous suffise, pour montrer toute l'importance de ce mode de réfection de la carte du ciel, de rappeler quels furent les premiers essais et le nombre d'étoiles cataloguées successivement. Hévélius, en 1690, sans le secours d'aucune lunette, avait pu observer 1,553 étoiles; Lalande, au début du siècle, grâce à des appareils optiques, pouvait signaler 47,390 étoiles; Weiss, pour la zone de nos climats, vers 1850, notait 62,530 astres; on arrive maintenant, par la photographie, à enregistrer un tel nombre d'étoiles que Struve a pu remarquer que, pour une même surface, relativement petite, 4 degrés carrés, là où Argelander n'avait pu compter que 170 étoiles, l'objectif photographique en notait plus de 5,000; enfin, détail non sans valeur, alors que l'astronome passait des années entières à établir ces cartes incomplètes, en une pose d'une heure, la photographie exécute ce travail avec une extrême précision.

Après vous avoir décrit en ses grandes lignes la part de la photographie dans les études astronomiques, je vais vous la montrer à l'œuvre et faire défiler sous vos yeux les principaux documents qu'elle a déjà pu fournir.

Il est juste de vous conduire d'abord à l'Observatoire, où s'élaborent ces intéressants travaux et de mettre sous vos yeux quelques clichés pris dans une récente visite, faite avec le président du Photo-Club, visite dont nous gardons le plus charmant souvenir pour l'aimable accueil réservé aux représentants de notre Société. Ce lourd édifice aux lignes sévères, commencé en 1667 par Perrault, nous rappelle bien la noble architecture du grand siècle et les étranges coupoles, qui le surmontent, abri mobile des instruments destinés à scruter la voûte céleste, lui donnent une physionomie toute spéciale. Après avoir traversé la grande cour où, blanche et gracieuse, s'élève la statue de Leverrier, une de nos gloires astronomiques et traversé les salles des collections, nous pénétrons dans le jardin central planté d'arbres touffus, qui entretiennent autour des observateurs comme une ombre discrète. *(Pl. I, nº 8.)*

La partie droite de l'Observatoire est occupée par un bâtiment de forme trapue partagé du haut en bas, dans la largeur, par trois fentes étroites et qui contient les lunettes méridiennes, destinées à l'observation du passage des étoiles; en avant, de hautes guérites, où s'allume chaque soir une lampe, marquent le point précis de passage du méridien. Non loin de là, on nous montre le sidérostat de Foucault, qui consiste essentiellement en un miroir mû par un mouvement d'horlogerie, de manière à envoyer, par réflexion, un rayon, émané des espaces célestes, dans une direction immuable : cet instrument sert tout particulièrement aux observations faites par M. Deslandres. *(Pl. 1, n° 7.)*

Plus loin, à demi enfoui dans la verdure, nous visitons l'observatoire des frères Henry où ont été préparés tous les travaux que j'ai signalé plus haut : de là est partie l'œuvre gigantesque entreprise aujourd'hui. La lunette, qui sert aux observations photographiques, est abritée par une coupole arrondie. *(Pl. I, n°ˢ 5 et 6.)*

C'est un grand parallélépipède tout en métal qui se compose de deux lunettes accolées, la partie inférieure est la lunette photographique et on reconnaît à l'arrière la disposition habituelle de nos chambres noires, destinée à recevoir les châssis : au-dessus est la lunette d'observation qui sert non seulement à diriger l'appareil sur le point du ciel à observer, mais encore à assurer la direction au cours de l'opération photographique. Cette lunette tourne autour d'un axe horizontal placé dans un bâti incliné exactement suivant l'axe de la terre : ce bâti peut pivoter suivant son axe et est mis en mouvement par un mécanisme dont on voit les principaux organes à la partie inférieure; sous l'action du mouvement d'horlogerie, le bâti se meut dans un sens inverse au mouvement de rotation de la terre et avec une vitesse égale, de telle sorte qu'une fois dirigée sur un astre et le mouvement déclenché, la lunette reste invariablement braquée sur le point à observer : l'objectif décrivant alors dans l'espace une circonférence parallèle à l'équateur, on a été amené à donner à l'instrument le nom de *lunette équatoriale. (Pl. II, n° 9.)*

La coupole porte une large saignée verticale pour permettre au rayon visuel d'atteindre les étoiles et tout l'ensemble, roulant sur des galets, se déplace avec la plus grande facilité; mais avec un tel appareil l'observation, pour l'astronome, n'est pas toujours commode, car il doit prendre les positions les plus diverses, suivant l'orientation de la lunette; on vient de terminer, à l'Observatoire, une installation spéciale, qui évite cette gêne et cette fatigue.

Le nouveau bâtiment a complètement rompu avec toutes les traditions : il se compose d'une tour carrée, surélevée d'environ 20 mètres au-dessus du sol; à la partie supérieure se trouve la chambre de l'observateur. Au pied de cette tour vient s'appuyer une sorte de guérite en fer montée sur rails et qui se recule facilement sous l'action d'un treuil, mettant à découvert la lunette. Celle-ci est coudée à angle droit; une des branches, parallèle à l'axe terrestre, se termine dans la chambre de l'observateur et peut tourner sur elle-même, faisant décrire à la seconde branche un cercle parallèle à l'équateur : c'est une nouvelle forme d'équatorial (1). *(Pl. I, n° 1.)*

L'objectif, auquel on accède par un escalier à double révolution, n'a pas moins de $0^m,60$ de diamètre et est dû aux frères Henry, qui sont aussi habiles opticiens que savants astronomes. *(Pl. I, n° 2.)* Le faisceau lumineux recueilli par l'objectif, réfléchi une première fois par un miroir placé à l'arrière des lentilles, dans la tête cubique de l'instrument, subit une seconde réflexion dans la partie coudée et est dirigé vers l'observateur. Cette énorme lunette, de 18 mètres de longueur totale, pèse 12,000 kilogrammes et grâce à des combinaisons mécaniques parfaitement étudiées, se manœuvre avec la plus grande facilité et peut tourner sur son axe, grâce à un mouvement d'horlogerie, de manière à suivre exactement l'astre observé.

Transportons-nous au sommet de la tour d'observation, dans la chambre où se trouve l'oculaire : ici l'observateur, commodément assis dans son fauteuil, n'aura point à se déplacer, c'est, au contraire, l'instrument docile qui s'inclinera dans la position voulue et les poignées de toutes sortes, les cercles gradués, qui se trouvent sous la main de l'astronome lui permettent d'orienter rapidement l'objectif dans toutes les directions possibles sans même faire usage d'un chercheur. *(Pl. I, n° 3.)*

Lorsque l'objectif photographique sera fini, on pourra, à l'aide d'un tel appareil, faire une épreuve de la lune atteignant un mètre de diamètre.

Un autre instrument d'observation est le grand télescope de Foucault que nous allons visiter et dont le pouvoir grossissant considérable pourra être utilement employé aux observations photographiques; il subit à l'heure actuelle les modifications nécessaires.

Et tandis que nous parcourons les jardins de l'Observatoire, émerveillés des horizons nouveaux qui nous sont ouverts, voilà qu'un appareil bizarre, étroitement enveloppé de draperies noires, se dresse devant nous : à notre muette interrogation, on nous répond que c'est la statue d'Arago qui attend son piédestal. Si nous nous inclinons devant le grand astronome, comme photographe,

---

(1) Il est juste de rappeler que la conception de cet appareil et son étude **sont** dues à M. Lœvy, attaché à notre Observatoire.

nous ne pouvons pas oublier que c'est lui, dans cette mémorable séance du 3 juillet 1839, qui annonçait à la Chambre des députés, au monde entier, la nouvelle découverte si féconde en applications diverses : son génie lui faisait de suite prophétiser le merveilleux avenir réservé à la photographie, sa parole entraînante montrait les multiples transformations auxquelles elle se prêterait et, sous ce puissant patronage, la jeune science pouvait entrer hardiment dans l'arène. Et celui qui avait si bien plaidé la cause de l'art qui nous est cher, celui dont la France avait été et doit être si fière est là, attendant un cube de pierre, alors que, en notre fin de siècle si atteinte de statuomanie, les bronzes de tant d'illustres inconnus jaillissent sans trêve de notre sol! *(Pl. n° 4.)*

Maintenant que nous connaissons les outils, examinons les œuvres qu'ils produisent. Je mets sous vos yeux un premier fragment d'étude de la carte du ciel exécutée par les frères Henry. *(Pl. II, n° 5.)* On sait que les étoiles se divisent par ordre de grandeur, en prenant leur éclat et leur diamètre apparent comme base de classification ; si les étoiles de première grandeur, représentées dans la carte par ces gros points arrondis, s'impriment sur la plaque avec une très grande rapidité, une fraction de seconde, il faut des poses de 1 heure à 1 heure 20 pour photographier les étoiles de seizième grandeur. Avec deux heures de pose, MM. Henry ont pu enregistrer jusqu'aux étoiles de dix-huitième grandeur ; ces points infiniment petits qui apparaissent dans le fond de la carte sont les traces d'astres situés à ces distances invraisemblables, dont je vous parlais au début de cette causerie.

Dans un autre fragment de la voûte céleste, la constellation des Gémeaux *(pl. II, n° 1)*, on remarque un fourmillement d'étoiles, bien que par une pose relativement courte, on n'ait pas cherché à avoir plus loin que la treizième grandeur ; cette portion du ciel, où on compte près de 3,205 étoiles, vue à l'œil nu n'en révèle que sept au plus. — Vous voyez dans quelles proportions énormes les appareils optiques reculent la vue, mais en même temps, combien la photographie, en enregistrant d'une façon exacte ces milliers de points lumineux, simplifie la tâche de l'observateur, qui pourra à loisir, continuer son étude sur le cliché, alors que les nuées auraient arrêté tout travail direct.

Mais, pour que cette étude du cliché puisse se faire avec exactitude, il importe absolument que nulle trace de poussière, nulle imperfection de la couche sensible ne puissent être prises pour une étoile. Afin d'éviter une telle déconvenue, MM. Henry ont eu l'heureuse idée de répéter trois fois la pose en dérangeant à chaque reprise, l'appareil d'une très petite quantité, de telle sorte que l'image définitive prît l'aspect d'un triangle, assez petit pour ne point choquer l'œil dans les tirages ordinaires sur papier, mais assez net pour être facilement perçu avec le grossissement du microscope.

Du cliché photographique il est facile de passer à une reproduction gravée par l'héliogravure : tel a été le procédé employé pour la carte de la région des Pléiades ; on a pu ajouter dans la gravure un tracé rectangulaire des déclinaisons et des ascensions droites, correspondant aux méridiens et aux longitudes de nos cartes terrestres, ce qui permet de préciser rapidement la position de telle ou telle étoile. Au centre de la carte se trouve Alcyone, étoile de troisième grandeur, contre laquelle semble se presser un cortège d'étoiles, disposition qui l'a fait appeler dans nos campagnes la *poussinière*, car elle semble une poule entourée de ses poussins. La photographie a révélé dans cette région une série de nébulosités indiquées par des traînées grisâtres, et plus particulièrement il convient de signaler cette traînée en forme de queue de comète, semblant surgir de Maïa, étoile située sur la droite d'Alcyone. MM. Henry, grâce à la photographie, ont pu reconnaître les premiers cette nébuleuse échappée jusqu'alors à tous les astronomes, bien que cette portion du ciel ait été l'objet d'incessantes études.

En observant les étoiles au télescope, on s'aperçoit bientôt qu'au milieu des points brillants nettement caractérisés se placent des sortes de petits nuages lumineux, affectant toutes les formes possibles et où l'œil ne peut distinguer aucune étoile : c'est ce qu'on nomme les *nébuleuses*. On a pu, à l'aide de forts grossissements, reconnaître que certaines nébuleuses étaient de véritables amas stellaires, mais d'autres, jusqu'à présent, n'avaient pu être résolues. Telle est la nébuleuse de la Lyre, remarquable par sa forme en couronne ; dans une première épreuve photographique, obtenue à Alger, avec une pose de quatre heures, on a pu résoudre le nuage de poussière cosmique en une série de granulations et au centre de l'anneau on a pu percevoir une sorte d'étoile. *(Pl. II, n° 7.)*

Cette étude photographique a été reprise à Toulouse, avec une pose de huit heures, on a ainsi poussé plus loin la réduction et l'étoile centrale est devenue un nouvel amas stellaire *(pl. II, n 8)*; il y a lieu de noter que c'est là le résultat le plus complet sur lequel on puisse compter avec les préparations sensibles actuelles, dont le grain trop grossier peut amener de fâcheuses confusions. Dans l'étude microscopique du cliché, le grain de l'argent réduit est en effet une cause énorme de gêne ; chaque étoile n'est pas représentée par une tâche de couleur égale dans laquelle la teinte est en rapport avec l'activité lumineuse de l'astre ; l'image au contraire est constituée par de petits amas de granules noirs plus serrés au centre que sur les bords et, en examinant bien les granulations éparses, on reconnaît de-ci et de-là quelques petits groupes, trace infiniment faible d'étoiles situées aux extrêmes confins de la sphère que nous pouvons étudier, étoiles qu'ils nous est permis seulement de soupçonner. *(Pl. II, n° 3.)*

Avant de quitter cette intéressante question des étoiles, je vais mettre sous vos yeux le spectre d'un de ces astres : le spectre de α du Cygne. La photographie n'a pu nous rendre malheureusement les magnifiques couleurs provenant de la décomposition de la lumière, mais elle a nettement indiqué les raies noires qui servent à établir la composition chimique de l'étoile; sans entrer dans le détail, je vous signalerai seulement cette double ligne nettement marquée dans la région jaune et qui indique que l'étoile contient du sodium; du reste, l'analyse spectrale tend de plus en plus à nous prouver l'unité de la matière dans tous les astres; il est plus que probable que tous ces points brillants de l'espace ont la même composition que notre globe terrestre.

Puisque je suis revenu à l'analyse spectrale, permettez-moi de vous reparler des intéressantes épreuves obtenues par M. Deslandres, et je vais pouvoir, grâce aux complètes explications du savant observateur, vous initier aux principes de l'expérience signalée au début de cette causerie. Examinons le spectre que nous fournit l'étoile Sirius *(pl. II, n° 6);* de-ci et de-là elle est striée transversalement de lignes noires : c'est la caractéristique des spectres et nous pouvons en inférer qu'un noyau central incandescent est enveloppé d'une atmosphère de vapeurs, qui, en absorbant les radiations qu'elles sont capables d'émettre donnent naissance à ces raies noires. Mais à côté de ce spectre, M. Deslandres a juxtaposé un spectre d'hydrogène, puis des spectres de fer et de calcium. Ceux-ci ne sont composés que de raies brillantes sur fond noir et chacune d'elles correspond à des raies obscures du spectre de Sirius, d'où la conclusion très simple que l'étoile contient de l'hydrogène, du fer et du calcium. Mais, en analysant de plus près les raies correspondantes du fer, on s'aperçoit que celles de l'étoile sont un peu en retard sur celles du métal, elles se reportent sur notre gauche, c'est-à-dire du côté du rouge, d'où l'on peut conclure que l'étoile s'éloigne. Sans entrer dans les délicats arcanes des moyens de mesure, il est facile de comprendre que ce retard a pu être évalué et nous apprendre par suite que Sirius nous fuyait avec une vitesse de 6 kilomètres à la seconde. Ne sont-ce pas là des résultats vraiment extraordinaires et tout à l'honneur des intelligences qui ne craignent pas d'aborder de telles études?

Il est une autre espèce d'astres errants qui reviennent de temps à autre sur notre horizon, les comètes, auxquelles le moyen âge attachait de si terrifiants présages et que les débuts de notre siècle, plus sceptique, regardaient comme un augure favorable pour nos vignes, telle était la comète de 1811, ou la magnifique comète de Donati qui rayonnait splendidement au-dessus de Paris, en octobre 1858. Trop jeune était alors la science photographique pour nous garder trace du phénomène et c'est à une gravure que j'ai dû demander cette curieuse reproduction. De quelle matière subtile doit se composer cette longue gerbe brillante qui suit l'astre dans sa course ?

M. Deslandres, en étudiant l'hydrogène carburé, a trouvé un spectre absolument semblable à celui que fournissait la queue des comètes. Le spectre comprend une série de lignes brillantes qui se rapprochent avec régularité vers un maximum pour décroître ensuite avec plus de lenteur et se former plus loin dans le même rythme mais avec moins d'intensité. Ce sont donc en grande partie des traînées de gaz en combustion qui atteignent des longueurs fabuleuses ; la queue de la comète de Donati a été mesurée et, tandis que le noyau avait un diamètre de 9,000 kilomètres, la chevelure atteignait 88 millions de kilomètres : ce que Babinet voulait bien appeler des *riens visibles* est bel et bien de la matière pondérable, comme nous le prouve la science moderne.

On sait que ces brillantes apparitions dans le ciel suivent une marche toute particulière ; elles décrivent une ellipse très allongée dont le soleil occupe un des foyers et la marche de la comète est telle que la queue se place toujours dans une direction opposée au soleil ; une vue schématique mouvementée vous rendra compte de cet effet. L'étude des comètes, de la variation de leurs formes, de leur trajectoire, à l'aide de la photographie, sera sans doute féconde en aperçus nouveaux.

Le Soleil. — Maintenant que le monde sidéral nous a été montré dans son ensemble, nous demanderons à la photographie de nous faire connaître les principaux corps célestes de notre système, et nous nous occuperons tout d'abord de celui qui tient la première place parmi eux, le soleil.

L'héliophotographie est surtout pratiquée à l'Observatoire de Meudon par M. Janssen : là, la lumière est loin de faire défaut ; ce n'est plus à des poses même d'une seconde qu'il faut avoir recours, mais à des poses bien plus rapides, qui varient du $1/500^{\circ}$ au $1/6000^{\circ}$ de seconde. Ce n'est pas l'image formée par l'objectif que reçoit la glace sensible, mais l'amplification de cette image à l'aide de lentilles convenables. C'est ainsi qu'on arrive couramment à Meudon à obtenir des disques solaires ayant jusqu'à trente centimètres de diamètre et, par suite, fournissant des détails inconnus jusqu'ici sur la constitution de la photosphère. Pour avoir plus de finesse dans les détails, on a recours au collodion humide, dont le grain excessivement fin se prête le mieux à un tel genre de reproduction. *(Pl. II, n° 10.)*

La surface solaire, la *photosphère*, n'est pas constituée par une nappe brillante homogène ; on y distingue au contraire deux sortes de marbrures, les unes brillantes, qu'on nomme les *facules*, les autres sombres et comme entourées d'une sorte d'auréole en pénombre, qu'on nomme les *taches ;* ces deux sortes de marbrures s'accompagnent le plus souvent, les facules entourant les taches. Mais avant d'étudier les taches solaires, qui ont tant exercé la sagacité des astronomes, continuons notre étude de la photosphère. Grâce à des épreuves d'un fort grossissement, on a pu reconnaître que cette surface éclatante est en réalité composée d'une multitude de granulations blanches et noires, auxquelles les astronomes ont donné les noms les plus divers, rappelant surtout leur apparence ; en usant d'un grossissement plus fort, la structure des granulations devient plus nette, et on conçoit, en voyant ces masses blanches et floconneuses, qui constituent la surface solaire, qu'elles méritaient bien le nom que leur avait donné M. Store, les *grains de riz*. On a beaucoup disserté sur la grandeur moyenne de ces granulations brillantes, et si nous acceptons les chiffres donnés par le savant directeur de l'Observatoire de Rome, feu le P. Secchi, qui leur attribue les plus faibles dimensions, nous saurons que ces points brillants ont une surface de deux à cinq cents kilomètres carrés. Ce sont, d'après le savant jésuite, ces points brillants seuls qui émettent la lumière solaire et ils n'occuperaient que le cinquième au plus de la surface totale.

C'est au sein de cette matière granuleuse que se produisent les taches ; j'ai dit se produisent, car elles ne sont pas permanentes, apparaissent tout à coup et se transforment d'une manière continue : à l'aide d'épreuves prises en des temps rapprochés, le phénomène est facilement mis en évidence. En poussant plus loin le grossissement, la tache semble être une profonde excavation aux abîmes pleins d'ombres, entourée de nuées mobiles du plus singulier aspect. Un astronome américain, Langley, à qui nous devons cette observation, a baptisé du nom de *feuilles de saule* et de *filaments* cette étrange configuration. *(Pl. II, fig. 2.)* Que sont ces taches, qui affectent toutes les formes possibles ? Sont-ce les manifestations de quelque volcan interne? Aucune hypothèse n'a encore pu être justifiée, mais on prévoit que, grâce à une série de documents photographiques, on pourra établir des théories sur des bases nouvelles : cependant, cette hypothèse de volcans solaires se trouve en quelque sorte indiquée par les excroissances bizarres, qu'on observe sur les bords de l'astre lors d'une éclipse totale.

Telle est l'épreuve d'une éclipse totale du 18 juillet 1860 : le disque lunaire, en obturant complètement la surface du soleil, formait un gigantesque écran, qui empêchait les radiations de la photosphère de gêner les observations, permettant d'examiner les phénomènes du contour, phénomènes beaucoup moins lumineux ; d'une part, on remarque des expansions rayonnées, formant autour de l'astre cette sorte de figure que les peintres désignent sous le nom de *gloire*, et qu'on appelle la *couronne* en astronomie. Plus près du bord, on observe comme des projections de matières incandescentes d'un rouge ou d'un jaune magnifiques : Lockyer, mesurant ces panaches de flammes, leur a trouvé jusqu'à trois cent mille kilomètres de hauteur verticale ; continuellement agitées de mouvements rapides, elles s'élancent dans les airs, éclatent en un feu d'artifice merveilleux et disparaissent tout à coup pour reparaître plus loin. M. Janssen, par une méthode rigoureuse d'analyse spectrale, a pu reconnaître que ces protubérances étaient formées de masses d'hydrogène incandescentes.

Si attachante que soit l'étude de l'astre à qui nous devons la chaleur, la lumière et la vie, il nous faut l'abandonner et chercher, grâce à la photographie, à connaître les autres planètes de notre système.

LES PLANÈTES. — On sait qu'on désigne sous le nom général de planètes les corps célestes qui décrivent leur orbe autour du soleil. Huit planètes principales et cent soixante petites composent le système solaire. Dans cette figure mouvementée sont représentées les huit planètes principales, dont les vitesses de translation inégales font varier continuellement les positions respectives. La plus près du soleil est Mercure, puis vient Vénus ; la Terre avec son satellite la Lune ; Mars, reconnaissable à sa lumière rouge et qui se meut dans la zone des petites planètes ; Jupiter, strié diagonalement et accompagné de ses quatre principaux satellites ; Saturne, particularisé par son anneau et qui s'entoure de huit lunes. Puis Uranus, découverte en 1781 par Herschell, dont la lumière bleuâtre et les six satellites la distinguent des autres planètes ; enfin, aux limites de notre système, Neptune, découverte en 1846 par Leverrier, non pas grâce au télescope, mais par suite de déductions mathématiques. Bien avant que la planète n'ait été vue par aucun œil humain, Leverrier avait calculé son éloignement du soleil, sa grandeur, sa place probable et, comme disait énergiquement Arago, « Il l'a vue du bout de sa plume ! » Il ajoutait : « La découverte de M. Leverrier est une des plus brillantes manifestations de l'exactitude des systèmes astronomiques modernes ; elle encouragera les géomètres d'élite à chercher avec une nouvelle ardeur les vérités éternelles, qui restent cachées, suivant une expression de Pline, dans la majesté des théories. » C'était un mois seulement après la publication des travaux de M. Leverrier qu'un astronome de Berlin, M. Galle, reconnaissait la planète cherchée, dans la position même qui lui avait été assignée par le calcul.

Les orbites planétaires sont elliptiques et non pas suivant des cercles ; de plus, par suite de la marche propre du soleil, les planètes en l'accompagnant décrivent dans les espaces de grandes hélices.

Il ne m'est pas possible de passer en revue avec vous tous ces astres, qu'il me suffise de vous présenter Jupiter, photographié en 1886 par les frères Henry, et qui montre la forme elliptique de la planète. Signalons les bandes grisâtres qui la traversent en écharpe, et surtout la tache rougeâtre non encore définie qui marbre un de ses hémisphères, et dont des photographies prises à intervalles réguliers montrent la marche apparente. Rappelons seulement que Jupiter a un volume égal à environ douze cent trente-cinq fois celui de la Terre, et qu'il met près de douze années pour accomplir sa révolution autour du soleil.

Dans une épreuve de Saturne, prise à l'Observatoire de Paris vers 1886, on remarque l'anneau fortement incliné et parfaitement visible ; à l'époque actuelle, l'anneau est placé perpendiculairement à l'astre et est vu par la tranche. Par suite de l'inclinaison de l'anneau, celui-ci, qui se transporte toujours dans l'espace parallèlement à lui-même, semble avoir un mouvement de balancement dont la période est d'environ quinze années : c'est donc seulement vers la fin de ce siècle que Saturne sera vu comme on le représente d'ordinaire. Nous rappellerons que le volume de cette planète est égal à six cent soixante-quinze fois environ celui de la Terre, et que sa course autour du soleil s'accomplit en une période d'un peu plus de vingt-neuf ans. *(Pl. II, n° 4.)*

Il est assez probable que les stries, les taches qu'on aperçoit sur les planètes, sont dues à des amas de nuées, des continents et des mers : celles-ci constituant surtout les taches sombres, et les astronomes de ces mondes éloignés doivent voir, s'ils existent, notre globe parsemé de larges taches sombres, nos océans, alors que vers l'équateur le disque est strié par une écharpe blanchâtre, qui n'est autre que cet anneau de nuées, qui enserre notre globe, et désigné par les marins par l'expression caractéristique de *Pot au noir*.

Puisque nous sommes revenus à notre globe terraqué, il sera juste de terminer cette causerie par l'étude de notre satellite, la lune.

La Lune. — On sait que la lune accomplit sa révolution autour de la Terre en vingt-sept jours un tiers, d'occident en orient, pendant que la Terre elle-même gravite dans le même sens autour du soleil.

La lune, en décrivant son orbite, tourne sur elle-même suivant un de ses diamètres avec une vitesse précisément égale à celle de sa translation ; il en résulte ce fait caractéristique que c'est toujours le même hémisphère qui est tourné vers nous ; par suite une des moitiés de la lune, celle qui fait face aux espaces planétaires, nous est totalement inconnue, et qui sait le nombre de romans auxquels a donné lieu cette disposition particulière ! Quoi qu'il en soit, on sait qu'à un moment de son cycle la face qui nous est opposée est seule éclairée par le soleil, la lune a disparu pour nous, les trois astres sont en conjonction ; on dit alors que la lune est nouvelle. Au fur et à mesure que la lune progresse, l'hémisphère que nous pouvons voir s'illumine de plus en plus, et alors se déroulent les apparences étranges de notre satellite, qu'on a nommées les *phases* ; elles débutent par un croissant effilé, passent par cette large surface ronde bien connue, pour décroître insensiblement jusqu'à la disparition.

Par une observation sommaire, notre œil avait déjà saisi, sur le pâle disque de l'astre nocturne, quelques taches irrégulièrement placées ; à l'aide d'un télescope, les taches s'accentuent et se localisent, les unes sombres occupent de larges espaces, les autres très brillantes ont des formes arrondies plus nettes : on dirait presque qu'on aperçoit des continents et des mers. Dans certaines parties on distingue de grandes chaînes de montagnes, des falaises découpant dans une mer assombrie leurs capricieuses dentelures.

La photographie a permis de fixer à grande échelle les paysages lunaires aux formes et aux dispositions étranges. A toutes ces montagnes ont été assignés des noms : la plupart du temps, nous reconnaissons des volcans éteints... Tel le grand cratère de Wargentin, situé sur la région orientale, tout près du bord septentrional de la lune ; on dirait un immense cirque aux enceintes ébréchées surmontant de ses pics aigus une plaine à peine ridée, qui s'excave de-ci et de-là de sortes de creux sphériques, rappelant ces bulles formées sur les plâtres de moulage ; un peu au-dessus est un singulier plateau de forme elliptique, restes frustes de quelque volcan des premiers âges de la Lune.

En d'autres parties, les extumescences du sol ont l'aspect de chaînes de montagnes, telle cette partie située au sud du disque lunaire qu'on nomme la chaîne des Apennins. A la vigueur des ombres portées, à leur allongement, on reconnaît que les pics aigus qui la composent doivent s'élancer d'un jet au-dessus de la plaine environnante : Huyghens, Humboldt ont pu mesurer ces monts ; ils leur ont trouvé une hauteur de six à sept mille mètres, c'est-à-dire, plus élevés que le mont Blanc dont nous sommes si fiers, ils rivalisent avec les plus hautes cimes des Cordillères des Andes. Quelle différence avec les cratères de nos volcans, qui de la lune seraient à peine visibles au télescope ! Non loin des Apennins on découvre le volcan d'Archimède dont le fond immense en entonnoir ne s'éclaire jamais d'aucune lumière, tandis que les cimes de ses pourtours s'élèvent droites, en pointes effilées, à des hauteurs énormes.

D'un autre côté, le cirque de Platon dont l'arène plate est marquée par trois petits volcans et qui rejoint par une série de pics, appelée la chaîne des Alpes, le cratère de Cassini. Au milieu de la chaîne des Alpes, laissez-moi vous signaler cette trace régulière, gigantesque coup d'ongle de quelque Titan, qui a éraflé pics et cratères d'un seul geste, et dont aucune explication plausible ne peut être encore donnée.

Dans la partie centrale de la Lune, s'élève un énorme volcan dont les bords à renflements superposés semblent être dus à trois éruptions successives, c'est le volcan de Copernic. Les convulsions ont dû décroître en violence au fur et à mesure du refroidissement de la planète, d'où cette apparence particulière. Tout autour la plaine se hérisse de petits volcans, sortes de *vomeros*, comme on les désigne dans les plaines des environs du Vésuve, dont il nous suffira de donner les dimensions pour établir les proportions générales des paysages lunaires. Les calculs des sélénographes ont démontré qu'ils ont de un à deux kilomètres de diamètre en moyenne.

Tout près de là, dans une sorte de plaine, qu'on nomme le golfe du Centre, près du volcan de Triesnecker, on observe des sortes de fissures régulières, qui ont donné lieu à de nombreuses discussions. Au début des études sélénographiques, on a voulu y voir les lits desséchés d'antiques rivières ; mais leur grande largeur, atteignant jusqu'à deux kilomètres, leur profondeur, variant entre quatre et six cents mètres, leur direction même qui leur fait traverser pics et chaînes de montagnes, sans aucune ressemblance avec les lois régissant nos rivières terrestres, montrent bien que ce sont d'énormes fêlures produites à la surface lunaire, lorsque par suite du refroidissement interne, la couche extérieure déjà solidifiée a dû céder.

On est frappé, en contemplant ces paysages séléniens, de leur étrangeté et surtout de leur aspect morne et désolé; on sent que la vie n'a jamais dû animer ces rigides paysages : la vie, avec ses eaux fécondantes, qui délitent les montagnes, les transforment en humus fertile, les dispersent de toutes parts, arrondissant les crêtes rocheuses, comblant les vallées trop abruptes. Bien différents sont les paysages terrestres ; les cratères se relient aux cratères par de molles inflexions, le granit effrité est devenu sol arable, sol fertile ; l'homme, l'animal et la plante peuvent animer ce coin de terre, tandis qu'il n'est pas possible de croire que la vie ait pu trouver sa place dans les arides paysages séléniens. Du reste, nous savons que l'eau n'existe pas à l'état liquide, ou n'existe plus dans notre satellite; ce que nous avons appelé mers ne sont que de vastes saharas : morte est la lune, on peut même se demander si elle a jamais vécu!

Mais surpris, emporté par l'étrangeté, l'intérêt de ces études lunaires, je me suis laissé aller à faire de l'astronomie, et pourtant je ne suis que photographe, et je me hâte de rentrer dans mes modestes attributions en vous présentant cette magnifique épreuve, faite par MM. Henry à l'Observatoire de Paris. Cette photographie date du 27 mars 1890; elle nous montre l'aspect de la corne Sud; la lune était alors âgée de cent soixante-sept heures, c'est-à-dire que cette phase est, comprise entre la nouvelle lune et le premier quartier. *(Pl. II, n° 11.)*

Puis, voici la région centrale prise à la même époque : cette large surface noirâtre, c'est la mer de Nectar; plus bas la mer de Fécondité; les hautes cimes du cratère d'Hipparque émergent de l'astre et se dessinent en linéaments brillants : toutes ces crêtes fortement illuminées seraient-elles recouvertes de glaces permanentes, comme l'affirment nombre d'astronomes ? *(Pl. II, n° 12.)*

Enfin, voici la photographie de la région Nord, prise deux jours plus tard; tout en bas, la mer du Nord, sur le bord de l'ombre Platon et les Alpes que je vous montrais tout à l'heure; plus haut, Archimède et son cirque immense, au-dessus duquel s'arrondit la chaîne des Apennins; à gauche, la mer de la Sérénité que bordent les monts Hémus. *(Pl. II, n° 13.)*

Au point de vue technique, ces merveilleuses épreuves que je viens de vous montrer ne s'exécutent pas sans difficulté ; la lumière est très abondante, elle tend à noyer les détails ; une pose juste, un développement approprié, seuls permettent d'éviter les duretés, et nous devons sans restriction admirer ces photographies, malheureusement un peu diminuées par un double transfert, pour pouvoir vous être présentées par la lanterne de projection.

C'est par ces épreuves, que je tiens de l'obligeance extrême de MM. Henry, que je terminerai cette causerie sur l'astrophotographie ; mais qu'il me soit permis ici de remercier tout particulièrement MM. Deslandres et Henry, de la façon toute gracieuse avec laquelle ils ont bien voulu initier un photographe amateur aux merveilles qu'ils accomplissent, et si je n'avais pas peur d'être taxé de trop de chauvinisme, en ce siècle sceptique, comme avec plaisir je vous dirais la fierté éprouvée en pensant que tous ces travaux, toutes ces découvertes, dans l'infini qui nous entoure, sont toujours marqués par quelques noms français ! Mais à quoi bon le dire ? vous l'avez tous déjà pensé en suivant les applications d'une découverte absolument française.

H. FOURTIER.

Les projections, accompagnant cette conférence, ont été faites par M. Molteni, avec une très grande habileté.

EXPLICATION DES PLANCHES

« L'Astrophotographie ». — *Les deux planches photocollographiques exécutées avec beaucoup de goût par MM. Berthaud frères, reproduisent, la première, des phototypes de MM. Fourtier et Bucquet, et la seconde, des phototypes de MM. Janssen, Henry frères, Deslandres. Voici la légende de chacune d'elles :*

Planche I. — Vues de l'Observatoire de Paris

1. L'abri du grand équatorial coudé. — 2. Vue d'ensemble du grand équatorial coudé. — 3. L'oculaire du grand équatorial. — 4. La statue d'Arago. — 5. L'observatoire de MM. Henry. — 6. Vue d'ensemble des coupoles de l'Observatoire. — 7. Le sidérostat de Foucault. — 8. Terrasse intérieure de l'Observatoire.

Planche II. — Les Photographies astronomiques

1. Fragment de la carte du ciel : région des Gémeaux. — 2. Une tache solaire. — 3. Un cliché d'étoiles vu au microscope. — 4. Saturne. — 5. Fragment de la carte du ciel. — 6. Le spectre de Sirius. — 7. La nébuleuse de la Lyre. — 8. La même, grossie et résolue par une pose plus longue. — 9. L'équatorial photographique de MM. Henry frères. — 10. Une photographie du Soleil, faite à Meudon. — 11. La Lune, partie nord. — 12. La Lune, partie centrale. — 13. La Lune, partie sud.

PARIS. — IMPRIMERIE CHAIX, RUE BERGÈRE, 20. — 19324-9-91.

PHOTOTYPES DE MM. FOURTIER ET ROCQUET

IMP. BERTHAUD, PARIS

VUES PRISES A L'OBSERVATOIRE DE PARIS

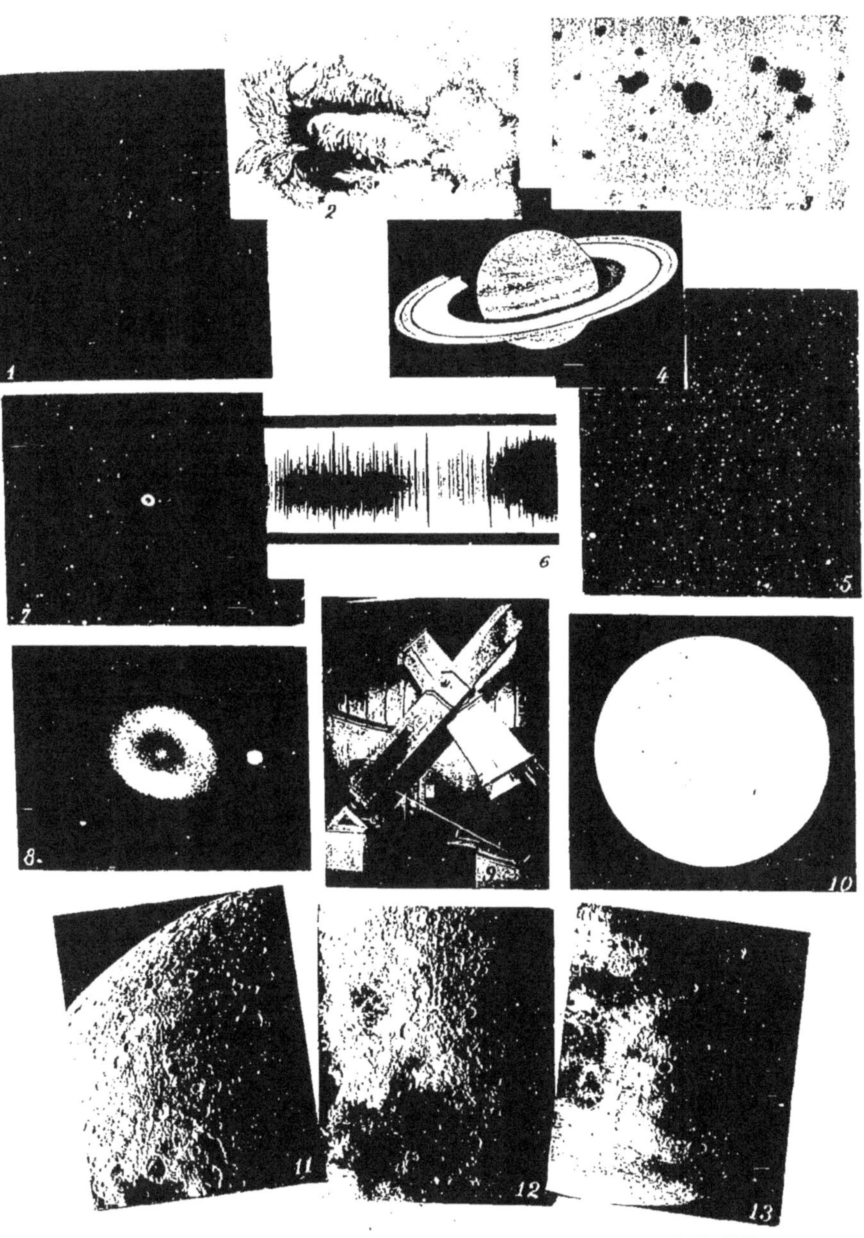

PROTOTYPES DE MM. JANSSEN, HENRY ET DESLANDRES.   IMP. BERTHAUD, PARIS.

PHOTOGRAPHIES ASTRONOMIQUES

Paris. — Imp. CHAIN, 20, rue Bergère. — 10326-9-91.

www.ingramcontent.com/pod-product-compliance
Lightning Source LLC
Chambersburg PA
CBHW061614050726
47595CB00007B/2955